从自贩机到乐高：

隐蔽而伟大的设计力

石　佳　主编

大人的玩具：

从乐高积木帝国说起

电子工业出版社

Publishing House of Electronics Industry

北京·BEIJING

图书在版编目（CIP）数据

从自贩机到乐高：隐蔽而伟大的设计力. 大人的玩
具：从乐高积木帝国说起 / 石佳主编. -- 北京：电子
工业出版社，2021.4
ISBN 978-7-121-40212-8

Ⅰ. ①从… Ⅱ. ①石… Ⅲ. ①工业设计 – 普及读物
Ⅳ. ①TB47-49

中国版本图书馆CIP数据核字（2021）第014436号

责任编辑：胡　南
印　　刷：河北迅捷佳彩印刷有限公司
装　　订：河北迅捷佳彩印刷有限公司
出版发行：电子工业出版社
　　　　　北京市海淀区万寿路173信箱　邮编 100036
开　　本：720×1000　1/32　印张：9.75　字数：180千字
版　　次：2021年4月第1版
印　　次：2021年4月第1次印刷
定　　价：98.00元（全五册）

凡所购买电子工业出版社图书有缺损问题，请向购买书店
调换。若书店售缺，请与本社发行部联系，联系及邮购电话：
（010）88254888，88258888。
质量投诉请发邮件至zlts@phei.com.cn，盗版侵权举报请发邮件至
dbqq@phei.com.cn。
本书咨询联系方式：（010）88254210，influence@phei.com.cn，
微信号：yingxianglibook。

大人的玩具：
从乐高积木帝国说起

玩具是小孩子才需要的东西吗？时间往前翻二三十年，人们可能会给出肯定的回答并且反问一句，"成年人要什么玩具？"或者还会接着附赠一句——"真没出息！"但当谷歌把乐高积木引入办公室，或者从第一块ABS塑料乐高积木诞生起，答案就变得不确定了——玩具好像也可以是大人的玩具。

用积木作为创造元素的乐高也许打破了玩具只属于孩子的成见。继续深入我们会得到更加悖谬的观点：孩子对玩具的自主选择，是在最近半个世纪里才慢慢形成的，而在此之前，玩具主要服务于成年人。这个观点来自一位美国人类学家，在《早熟的玩具》里我们来一起回顾他的研究和发现，看看技术、商业和社会心理如何在玩具这个载体上交织互动。

回到乐高的话题上，我们知道这些塑料颗粒能够模拟卡通形象、影视明星、你的家人和宠物，如果你足够有创意，就能把作品搬进博物馆或画廊。乐高体现了成年人的创意和志趣，曾经这个品牌还有更为先锋的想法和尝试，我们邀请了一位乐高玩家在《乐高积木里的科技和教育元素》中详述了乐高的这段历史。

　　如今的玩具已经成为成年人和孩子共享的物件，不少做工精良的积木套装、拼装玩具和手动人形等已成为玩家珍藏的经典，《10 款错过了也值得补习的玩具经典》为大家科普了其中的 10 件，这是一份极易让人掉进童年回忆的清单。

乐高积木里的科技和教育元素

作者 | 李墨谦

从分级制度到编程通信，乐高比你想得更远。

从诞生到发展至今，乐高从来没有忘记过玩具对下一代智力开发的重要性。乐高开发每款玩具时就像开发一款新的儿童健康食品一样，不但要对自己负责，也要对下一代负责。

明确的玩具分级制度

首先是明确的分级制度。有人会奇怪这又不是电影，只不过是个普通的积木玩具，这也要分级？的确，乐高公司考虑得很周到。积木砖本身不是很大，如果让低龄儿童玩则很有可能无意间吞食。于是乐高公司专门开发了"乐高婴儿系列"，这个"3 个月至 5 岁婴幼儿专用"

系列的积木砖是普通积木的 8 倍大小，大到小朋友无法
吞食。我记得比我小 6 岁的小表弟两三岁时就曾有过一
套婴幼儿乐高：积木砖不是装在方的包装盒里而是装在一
个大塑料桶里，每块"砖"大概有七八厘米长、三四厘
米厚，甚至连积木人都很大（不过不能活动）。

向玩具电动化迈步——12 伏小马达的诞生

1969 年乐高开发出一种小巧的 12 伏马达，可以装在
乐高积木里。一个玩具公司为什么要开发马达呢？其实
这是乐高公司的一个长远考虑，也是未来玩具开发的一
个必然趋势。想想看，20 世纪 90 年代初期的迷你四驱
车不正是靠一个小小的马达和两节五号电池火热起来的
吗？再往前推，20 世纪 80 年代会"打枪"、能 360 度
原地旋转的铁皮机器人不也是靠马达和电池活动的吗？
乐高 12 伏马达的开发标志着这一切将在 20 世纪 70 年代
开始转变，玩具世界将进入一个新的纪元——玩具电动
自动化和玩具机器人化。

• 1969 年乐高推出的配备了 12 伏马达的积木。（图：Horst Lehner）

更完善的游戏系统——乐高技术系列

1977 年"乐高技术系列"（LEGO TECHNIC）的问世标志着乐高积木迈向一个新台阶。与以往的乐高自动组装积木相比，乐高技术系列有了很大的改革，在以往的 1 厘米厚自动组装积木的基础上，这一系列在积木的侧面也"开出了洞"，也就是上下左右前后实现了全方位拼接！同时，还将 0.3 厘米规格的自动组装积木改装成可以相互连接并可以活动的铰链，使用这种铰链便能搭建许多不同的三角形。这样一来，乐高技术系列不但完善了乐高积木系统系列，更使其模仿现实世界的实物的能力大大加强。

• 利用乐高技术系列拼装起来的"Lego Technic Crystal"。（图：David Luders）

乐高技术系列的复杂性和其中包含的大量几何学原理，深受高年龄玩家，包括成年人玩家的欢迎，这为后来的"乐高智力风暴系列"（LEGO MINDSTORMS）打下了良好基础。而乐高经典系列并没有因为乐高技术系列的诞生而被取代，它始终在 16 岁以下的儿童和怀旧玩家心目中占主导地位。

1982 年"乐高技术 I 系列"（LEGO TECHNIC I）作为培养儿童创造力的教学工具被介绍给学校。这款乐高技术 I 系列可能国内接触到的朋友并不是很多，但有个类似的玩具大家都应该或多或少玩过：一个大盒子里有很多的金属零件，有长有宽而且上边都是小孔（用来上螺钉的），还有螺钉、车轴辘、铁棍……这些零件经过不同组装可以变成自己想要的吊车、机器人……乐高技术 I 系列就是类似这种简单零件组装的玩具，只不过它的零件都是乐高技术系列的多孔积木而已。1994 年乐高还开发出"乐高技术 II 系列"（LEGO TECHNIC II），在原有的 I 系列基础上更增加了玩具本身的复杂性和趣味性。

乐高集团教育部成立

1989 年乐高将生产线渗透到教育机构，并正式成立"乐高集团教育部"（LEGO Dacta）。"Dacta"一词源于希腊文"Didactic"，意思是"有目的的研究、研究的意义和精髓，以及研究的过程"。该教育部所生产的产品主要是针对两类人群：一类是上幼儿园的小朋友；另一类是上学的学生。其产品包括内容详尽的教材、学生活动手册、入门搭建手册及丰富多彩的积木。这些产品由学校统一捆绑发售给学生，不提供零售。

这是一个三方都受益的方案。对乐高来说，这种像教科书一样的捆绑销售形式保证了利润（但并不带代表质量就会下降）。对于学校来说，这是培养学生动手制作能力的有效学习途径。借助乐高教育产品，学生从开始的仿造、改进到最后创新的学习过程中，可以充分掌握并灵活运用课堂中学到的理论知识。他们积累的知识使他们能够构建更复杂、更有创新力的东西。同时，他们又可以在制作过程中完成更多样化、更新的知识积累和能力培养。到了1997年，乐高集团教育部开发的简单动力机械套装已成为最受老师欢迎的产品之一。而对于受益的第三方——学生来讲，平白无故给你套玩具还不好？虽然买玩具的钱是父母掏的，但想想看，家长支持你玩、学校也支持你玩的玩具，这种玩具能有多少呀？

• 乐高教育部开发的套装。图：Brick Instruction

孩子都可以完成的机器人——乐高智力风暴"机器人发明套装"

1999 年乐高智力风暴系列推出"机器人发明套装"，这使乐高从玩具到教育又上升到一个更高的台阶——高科技教育。这个系列主要针对 9 岁以上人群。与以往产

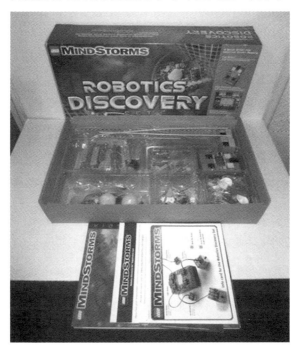

• eBay 上在售的机器人发明套装。

品不同的是，机器人发明套装分为硬件和软件：硬件除需要组装的积木外还包括各种齿轮电动机和传感器；软件则提供 RCX 代码，可编程控制机器人的行为，使其对颜色、光和运动产生反应，这是整个套装的核心所在。

这一切操作起来并不复杂，孩子只需要点击鼠标便可以完成所有程序，况且还有辅助语音指导教程，从组装到设计程序孩子都可以独立完成。

不得不说这是个很神奇的发明。通过乐高的机器人发明套装，孩子们可以体验一番"科学家"的感觉，还可以和自己制作的机器人进行互动。这不禁让我想起了一度风靡的电子宠物狗，不过这可比电子宠物狗有意思多了。

向高科技冲刺——RCX 核心控制装置的诞生

机器人发明系列的成功令乐高更加坚信高科技才是王道。于是在 1999 年乐高与美国麻省理工学院合作开发了一种智能可编程"电脑积木"——RCX 核心控制装置，也就是乐高机器人的大脑。

简单来说，RCX 是麻省理工学院多媒体实验室历时多年完成的一个嵌入式系统、一个微型计算机。通过对这个"大脑"进行编程操作，学生们可以控制机器人体内的马达、传感器及整个机器人积木身体的动作和行为。学生们通过使用专门开发的 ROBOLAB 软件可以研发出属于自己的机器人，不但能活动甚至可以"思考"。计算机高手们则试图用各种官方或非官方的语言控制 RCX，如 C、VB、NQC、Java、LegOS、pbForth 等。更厉害的是 RCX 不但可以与计算机进行红外通信，还可以接入互联网甚至在不同的 RCX 装置之间通信，达到真正的机器人之间的沟通。

• RCX 核心控制装置。图：Wikimedia

2000 年乐高公司凭借着更新的科技推出了"eLAB 能源套装系列"。此系列以直观、形象的现场实验揭示了能量的原理及可再生能源的应用。该系列后来多次获国际教育奖。

2001 年乐高又将图像采集功能引入机器人发明系统。

高科技探索遭遇滑铁卢

1999 年的机器人发明系列大受好评，乐高以为找对了方向，继续和麻省理工学院开发了 RCX，结果这一年却是乐高亏损扩大的时刻。我们有理由怀疑 RCX 所具备的复杂功能拖累了玩具本身：3 路输入（各种传感器）、3 路输出（马达、灯、扬声器等）、6 节 5 号电池直流供电或 9 伏变压器交流供电、可运行 5 个独立的程序、每个程序的最大指令集为 1500、程序可擦写、多种通信模式、多任务处理、10 位的 A/D 转换器、100HZ 的数据采样率、2000 点数据存储、4 个 16 位计数器……更有甚者把 RCX 和程序学、几何学挂上钩了。这个变化让本来很平民、大众的东西变得高不可攀。

很多业内人士把乐高的高科技尝试的失败都怪罪到社会甚至孩子身上，认为如今孩子"童年缩短"，"小大人"太多了。但儿童本身对玩具的热情还是不变的，就像他们并没有因为 PSP 而抛弃奥特曼一样。但乐高的高科技系列复杂到最后连大人都看不懂，何谈给孩子玩？

乐高也推出过"交通大使"（LEGO Loco）、"生化战士"（Bionicle）、"开天辟地"（LEGO Creator）等为儿童开发的、依托于计算机程序的玩具，但是这些系列刚登陆美国不久，就遭到很多家长投诉。这些玩具甚至还有蓝牙模块，却偏偏无法跟苹果计算机兼容！而当时美国有至少 50% 的家庭使用的是苹果计算机。乐高在追求过于浮夸的技术过程中，反而忽视了很多重要的细节。

当然还有一个重要原因是，乐高忽略了借助动画和电影对玩具进行商业包装。2002 年乐高以电影《星球大战》和《哈利·波特》为基础开发的游戏曾使公司销售额一度达到创纪录的 19.3 亿美元。看似峰回路转，但一旦离开好莱坞，销售量立刻就又下降了。直至 2003 年乐高公司面临第三次亏损，公司内部不得不把经营焦点重新锁定在已有 50 年历史的自动组装积木部门，而经营策略更是一变再变。到了 2004 年，乐高家族的第三代领导人吉奥德主动辞职，不堪重负的乐高公司迎来了新一代的掌门人。

• 同时集齐漫威和 DC 后，玩家们能够更加自由地构想两个阵营英雄之间的故事。（图：Wallpaper safari）

　　在调整发展方向的同时，乐高选择拥抱更多的商业化元素，先后和卢卡斯影业、迪士尼（后收购漫威）、华纳兄弟（持有 DC 系列动漫版权）达成合作，推出了星球大战系列，因为同时集齐漫威和 DC，实现了超人大战美国队长、蜘蛛侠单挑蝙蝠侠的境况。2006—2010 年，乐高公司的收入增幅达到了 105%。后续乐高还把钱投向电影和动画制作，并获得了更大的商业成功。

　　本文节选自《世界玩具经典》（中国传媒大学出版社2010年版，李墨谦著），由作者进行部分修订后授权发布。

李墨谦　｜　　八零后，北京人，国内知名青年插画家、山水画世家，齐白石第四代再传弟子，深圳插画协会资深会员。著有漫画《熊猫朋克》、绘本《山海经图鉴》《世界玩具经典》《怪谈——日本动漫中的传统妖怪》等。

早熟的玩具

作者 | 鲍夏挺

从小到大，你身边的玩具都散发着强烈的成年人气息。

　　读中学时，向身边的女生朋友们赠送生日礼物对我而言是件非常苦恼的事，常常犹豫到最后不得不一脚踏进学校边上的礼品店，在大量填充织造玩偶中挑出一个自认为独一无二的交给老板打包。在等候仔细包装的间隙，我发现供当时我那样的"大人"收藏或赠送用的摆件，和给还没上学的小朋友们蹲在地上玩要的玩具，两者之间几乎看不出什么分别。昂贵的手办或有双肩包大小的泰迪熊，完全可以成为小朋友的玩具。如果有哪个小孩能发现它们的不同，我几乎可以断定，他要么是过早地学会使用浏览器而见多识广，要么就是有鉴别材料和工艺的天分。

这个现象对我们而言已习以为常，但细想起来又不可思议。其吊诡程度就像现在很多人喜欢以"宝宝"自称一样，不管他是不是已经非常成熟。但联想到"baby"一词原本在英语世界里就有作为情侣或爱人之间互称、表达亲昵意味的功效，或许玩具的这种"老少咸宜"特征，自有其心理和社会文化渊源。

这个猜想在美国宾夕法尼亚大学一位人类学家加里·克罗斯（Gary Cross）的著作《小玩意》（*Kids' Stuff*）里得到了印证。

成年人也对玩具入迷

克罗斯仔细追踪了玩具这件被设定为供儿童玩耍使用的物件（stuff），在不同时代不同地区（主要是欧美地区）所承载的效用，他发现：最初，玩具完全就是为满足大人们需求而产生的。

欧洲中世纪流行的男孩玩具如木马、微缩版的马具和风车模型，女孩们手里穿着修士袍或裙子的玩偶，并非孩子专属的玩具，成年人也会拿来玩耍，在集市或宴会上把玩。当时的人们将之视为一种用来放松紧张情绪的娱乐活动。除此以外，成年人和孩子们共享的游戏还包括踩高跷、吹口哨及捉迷藏等。

- 汽转球的主体部分是一个空心球，球内注满水后，下方点火加热，水受热后变为蒸汽从两个朝向相反的喷嘴涌出，蒸汽会带动空心球旋转。（图：Wikipedia）

成年人对这类微缩物件的痴迷由来已久，从埃及人海伦（生于公元 10 年）的蒸汽动力机械汽转球、中世纪宗教庆典上由沙漏式机械推动的真人大小的童贞女玛利亚，到 18 世纪法国人发明的会啄食的机械鸟及机械天使，都可以佐证玩具并非儿童的专属。对此人类学家的观点是，玩具凸显了人们的四种不同需求：模仿、入迷（vertigo）、竞争和机会。比如，汽转球就可以视为是对速度的模仿。通过玩具，成年人向同伴和儿童分享着其中的价值。克罗斯也赞同这一观点：

不同时代和地域的玩具都是对成人世界的模仿，但又免除了真实的成人世界的危险与负担。娃娃和玩具武器都象征着成年人的活动，但却保留着游戏的目的，而不是儿童版的成年工具。

"入迷"这种需求体现在原始宗教中普遍存在的舞蹈和吟唱仪式中，在这些帮助人们进入迷狂、超自然状态的仪式里，我们常能见到人偶参与其中。有人会质疑这个判断可能把宗教人偶和玩具混淆了，但人类学家们发现，在工业社会之前，一些微缩人偶先是用作祭祀，而后才交给孩子们玩耍，要将象征神灵的偶像和玩具区分开来是十分困难的。

今天我们还能从登山、蹦极和游乐园的海盗船、自由落体等设施里发现入迷的影子。尽管我不确克罗斯是否参与过火人节，但这个每年八九月间在美国内华达州黑石沙漠举办的节日鼓励人们脱离商品化、实现彻底的自力更生和激进的自我表现，对参与其中的艺术家、造物癖患者及其他身份的参与者来说，节日尾声标志性的"燃烧的火人"同样具有强烈而让人迷狂的色彩。（不过对比玩偶来说，这个动不动就有三四层楼那么高的"火人"，的确是大了点。）

• 火人节上正在燃烧的火人模型。（图：Wikipedia）

"入迷"这一需求在工业社会中的玩具身上明显隐匿了，差不多从 19 世纪中叶开始，玩具的支配权逐渐转移到孩子们手中，"入迷"一度在玩具上所占据的部分位置，被更加实用的竞争需求和机会需求吞没，后两者在工业社会的各种游戏规则里仍然广泛存在。玩具继续传递着成人社会的价值观，随着技术进步和社会价值观念的改变，孩子使用玩具就像对成人世界价值和技能的预演。

诱捕孩子的玩具

19 世纪以前，普通人家的玩具往往是家庭成员以破布头和稻草等材料粗陋制成的作品，贵族或富商之家才可能买得起手艺人专门制作的铅质或银质玩具（且往往是等大人们玩腻了之后才轮得到孩子们），直到 1815 年单片金属压模机器的出现才改变了这种状况。生于 1805 年的丹麦作家和诗人安徒生，也许也是被那时流行开来的锡制玩具吸引到了，把其中的一种玩具放进了他的童话《坚定的锡兵》里作为主角。

• **锡兵玩具**。（图：Wikimedia）

越来越多的廉价玩具被大批量地生产出来，更新奇的玩具也开始出现。但有购买力的是成年人，如果孩子的玩乐需求还没得到成年人的承认，那么这些玩具就只能摆放在橱窗里吃灰。

　　在这之前，洛克和卢梭都曾对儿童教育进行过专门的论述，但直到 19 世纪 30 年代，富有人家的家长才真正能够把幼儿教育作为重要的事情来处理。（同一时代大多数家庭里，孩子仍然需要打工负担家庭的经济收入。）在这些家庭里，游戏和玩具开始取代工作，成为培训孩子竞争意识和诚实等美德的主要手段。也是在这期间，家这个空间开始从生产、办公和经营销售空间脱离出来，家不再寄生在家人们赖以生存的作坊、工作间或商铺之上，而成为一个独立的休闲空间。克罗斯认为，这种空间观念的转变对孩子的生活具有深远影响，因为孩子们待在家是也不再是自动征召的劳动力。

　　维多利亚时期的美国孩子们开始享受到前所未有的自由时光：城镇化水平提高，家庭对高素质后代的需求超过了对单纯劳动力数量的需求，生育率随之下降，整天哭哭啼啼要你照顾的弟弟妹妹们更少了。新技术应用在新机器上，代理了大量家务活，待在家里的理由也少了。孩子们奔向街头，和邻里拉帮结派，见此情形家长们开始有意识地将在街头游手好闲的孩子们拉回家庭，控制他们在外的时间。在家中，玩具成了街头无政府主义社会的替代品，它们也是孩子们用以消磨时间的良药。

　　但家长们的期望不止于此：孩子不再承担工作但也不

能闲着，成年人们希望利用这段时间让孩子发展特定的品质，熟悉成年人世界的一些价值观，好让他们长大之后更有望获得成功。两次工业革命让美国人民沉浸在新技术带来的乐观主义和进步主义里，他们对未来的职业想象也跟种种时兴的技术相关，因此火车、汽车和飞机模型，以及儿童版的收音机和相机成了孩子（尤其是男孩）的玩具。儿童能够在玩乐里"实习"成年生活，在潜移默化中接受其中含有的性别、技术和商业信息。

• 1900 年前后产于德国的锡制发条玩具火车。（图：Wikimedia）

　　女孩们的玩具长时间以来都单调得多，20 世纪之前女孩们的"洋娃娃"主要是作为"服装模特"陪伴左右：
女孩们通过为娃娃做衣服来学习缝纫技能。克罗斯举了
一个例子，在 1850 年的美国，人们很难在市面上买到穿
着衣服的娃娃，除非是那些法国进口的（用于装饰和展
示的娃娃）。那时缝纫机尚未普及，缝纫是普通人家里
女性的重要职责。但富人家家庭总是特殊的，在 19 世纪
60 年代至 90 年代间，富人家的女孩们通过给娃娃"过
家家"、换装的方式学习社会礼仪，以及对不同布料的
鉴别能力。

　　到 20 世纪，女孩们手中的娃娃开始有了更多的意义，
娃娃开始变成孩子们的朋友和兄弟姐妹，用来帮助孩子
们模拟和朋友、伙伴的相处，它们的形象也从成年女性
变成了婴幼儿的模样。和男孩们的电动火车模型、飞机
模型类似，技术应用成果的微缩版也出现在女孩儿们的
玩具箱里，它们是洗衣机玩具、煤气灶模型、新型房屋
模型等现代科技的复刻，帮助家长把女孩们带向"现代
家庭主妇"这样一个固定的未来形象。

　　颇为有趣的一点是，即使在 19 世纪，汽车模型、万
花筒等反映新技术的玩具也不是孩子专属的，这些模型
玩具还兼具家庭娱乐的功能，如同纸牌或棋类游戏一般
向家庭全员开放。一些玩具生产商特别强调，他们生产

- 1877 年法国产的瓷娃娃，妆容及身材比例更接近成年女性，衣着也具有时装信息传递、装饰作用。该娃娃目前收藏于西班牙 Can Llopis Romanticism Museum。（图：Wikimedia）

的玩具从本质上来说是微型的科学仪器而非玩具。这仿佛如今造物爱好者自行组装的可编程机器人，看起来虽然是玩具的外形，实质上则分享着先进技术的基因。

幻想玩具：IP 和玩具联姻

虽说足够先进的技术与魔法无异，但换成魔法的微缩版，它们可无法持续上百年不断地吸引不同的孩子，幻想玩具适时出现了。

幻想玩具是将那些现实或虚拟世界里的著名人物、角色甚至非人类的生物和物件等具象出来的玩具。当克罗斯尝试寻找美国幻想玩具的起源时，他得到了一个现在看来颇让人吃惊的发现：早期幻想玩具的很多人物形象来自食品和日用品生产商虚构的人物，其中最有名的是美国至今仍然畅销的坎贝尔浓汤推出的小孩形象。（作为消费主义的代表，坎贝尔罐头形象也曾在 1962 年进入安迪·沃霍尔的画作里。）

这是玩具制造业向流行文化和其他行业学习的过程。坎贝尔浓汤小孩传递的是健康与活力的形象，将这个产品形象与品牌捆绑可以为坎贝尔加分，它让人在产品形象和品牌两者之间产生一种联系，仿佛坎贝尔小孩的健康与活力就来自美味又营养的罐头浓汤。这种广告

• 坎贝尔浓汤小孩。
（图：Campbell）

• 玩具生产商 E. I. 霍斯
曼于 1910 年推出的
坎贝尔娃娃。（图：
Doll reference）

技巧的市场成功，首先是在一个叫作杰迈玛姨妈（Aunt Jemima）的烤薄饼面粉的商品上得到验证的。而当坎贝尔小孩变成玩偶出现后，这个人物形象所附带的 IP 也来到玩具身上，随处可见的坎贝尔小孩自然带有"孩子们的好伙伴"这样的意味。

当然，熟悉这些形象的也是成年人。

玩具制造商们也发现，童话故事和流行漫画里的人物形象更加具有亲缘性。相对于食品和日用品，这些形象有更深厚的背景故事和想象空间，幻想玩具也因此捕捉了成年人的童心。成年人们购买了丘比特（丘比特的故事最早刊登于《女士家庭杂志》）和泰迪熊（泰迪熊漫画基于罗斯福打猎时放走一只小熊这个真实故事而创作），并将它们塞给还不会走路的孩子。

幻想玩具有脱离现实的虚构的故事背景，它们此刻既携带着时尚潮流符号，又共享着成年人社会所理解的价值。如克罗斯所说，它们代表的是勇气而不是天真无邪的童年，体现了成年人"对激动人心的未来的向往和对永恒过去的怀念"。

作为一种商业手段，幻想玩具所具有的附加价值是自我实现式的（这跟当今互联网产业所着力倡导的各种非实用性的需求如出一辙）——"把泰迪带给孩子，他 /

- 1906 ~ 1907 年间，泰迪熊出现在成年男女的各种服装和配件中，即使如今我们也能在一些潮流品牌中找到泰迪熊的符号。图为一款意大利时尚品牌 2015 年发布的泰迪熊小包。（图：Style vanity）

她会变得更加可爱"，只要足够多的受众接受这个由玩具生产商和销售商一手经营的观念，它就真的能够具备这些带有一些任意性的价值符号，从而流行起来。

20 世纪 30 年代，广播、电影等大众媒介帮助一些幻想形象更广泛和频繁地进入孩子们的世界，在家长们开始给孩子们更多的表达机会和自由的同时，经济危机削弱了大部分失业爸爸的话语权。脱离无聊的成年人世界、进入属于自己的幻想王国的愿望越来越强烈，儿童对幻想玩具的影响力逐渐增强。

• 1937 年迪士尼推出的白雪公主和小矮人玩具，那时的白雪公主玩偶身材更接近于一个洋娃娃。（图：Woolworths Museum）

　　迪士尼最早的幻想玩具——米奇（米老鼠）娃娃正是在 1930 年设计推出的，在这之前米奇的形象早已深入孩子们的心中，米奇的成功让迪士尼产生了新的商业策略：一年一部动画长片及一套周边玩具。1937 年 12 月 21 日《白雪公主和七个小矮人》作为迪士尼的第一部动画登陆美国院线，但白雪公主的周边玩具在此之前已经开始销售，电影上映后的第 4 个月仍然热卖。技术和商业的结合再一次推动了玩具的变革。

　　但从如今的境况来看，幻想玩具和电影的结合并不代表这些影视周边就只属于孩子了。虽然缺乏数据统计，但是至今我们仍能看到迪士尼、漫威、DC、《星球大战》等动漫影视周边吸引着大量的成年人。和周边玩具

（或许这里有必要去掉玩具这个称呼了）联系在一起的幻想世界得到大量读者和影迷的支持，像《攻壳机动队》，以及 2016 年口碑爆棚的《疯狂动物城》甚至演化出各自所属世界的游戏规则，这些规则暗含着对现实世界深刻而强烈的反讽。

　　这种变化不是一夜之间发生的，回顾迪士尼从《白雪公主和七个小矮人》到《海洋奇缘》人物形象和故事设定的变化，你会发现，这些动画长片变得越来越适合一家人一起观看，并且家庭成员们竟然还能各取所需。这个努力弥合两代人之间主流审美趣味差异的倾向，从米奇登上银幕不久即脱去无政府主义倾向的时刻就显露出来了。尽管克罗斯注意到了迪士尼人物性格的变化，但成书时他可能也未曾料到日后会有这样的风景：昔日入迷的景象似乎在这里复活了，幻想玩具和祭祀用的人偶重叠在了一起。

　　大人的周边和小孩的幻想玩具变得难以区分，因为两者实际上具备了同样的功用。或许有人会反驳说，我买的不是周边，而是它所承载的精神与哲学。但同样的道理对孩子们似乎也适用：我偏爱幻想玩具不是因为它们更好看，只是因为它们是来自另一个世界的伙伴。

　　所以，下次碰到身边的小朋友对一件幻想玩具恋恋不舍时，本着平等的原则，你一定要尊重他的选择。

中产家庭的益智玩具

各类玩具并未随着时代变迁消失，就像如今这个幻想玩具泛滥成灾的时刻，我们仍能在大街上看到孩子手里拿着从 20 世纪上半叶就开始流行的玩具枪（外形一直在变，男孩"持枪"居多）。在幻想玩具流行的时刻，也有对玩具有不同理解的流派在"布道"，益智玩具就是其中一例。

益智玩具也沿袭了传统玩具的培育儿童能力的目标，但在其蓬勃的时刻，经历过大萧条的美国中产阶级家庭对未来似乎没有一个固定僵化的想法了，益智玩具要培养的能力变得更为基本：智力、创造力及个人主义气质。

在益智玩具的支持者看来，游戏应当拥有独立的空间和时间，成为孩子们的"工作"，不同于 19 世纪工人子弟真正意义上的打工，20 世纪孩子们的工作就是通过自由的游戏来发展这些能力。不同于幻想玩具对想象力的理解，益智玩具倡导者认为玩具应当将孩子们的想象力限定在艺术和文学领域内，而不是像充满消费主义味道的幻想玩具那样浮华脆弱。

克罗斯认为，作为孩子工作的工具，益智玩具的灵

感在 19 世纪 90 年代就出现了。那时出现的艺术与手工
艺运动里，知识分子和他们"有钱的朋友们"极力推广
手工艺术品和传统建筑材料，反对工业制成品。同样的，
通过动手制作玩具，或者利用基本的玩具零件去搭建作品，
孩子们能比单单看着充满科技感的火车一圈圈地跑获得
更多的收获。

克罗斯说这反映了（中产阶级）成年人一种普遍的
焦虑：生活于包装时代的人们越来越无法理解、也不再能
够征服物质世界了。但大人们似乎觉得孩子们还来得及，
"手作精神"或"匠心"应当在玩具中体现并传递给下一
代。而在这种焦虑背后的是中产阶级家庭一种不同的自
我定位，他们深信自己的孩子具有超常的智力，并且需
要专家向他们推荐专门的玩具，以使他们不受享乐主义
大众文化的影响。他们似乎也接受这样一种观点：普通的
儿童更倾向于退缩进逃避现实的幻想世界里，因此他们
会依赖于那些幻想玩具和游戏。

这种反潮流的想法没能帮助益智玩具在商业上获得
太多认可，但仍然影响了人们对儿童教育的一些理解。
尤其是益智玩具早期的倡导者和幼儿园运动的推动者共
享了对幼儿教育和游戏的一些观点，如将游戏和"孩子
的工作"相结合，根据不同年龄段向孩子提供不同类型

• 以益智自我标榜的玩具生产商儿乐宝（Playskool）在寻找益智和商业的结合可能，最后还是被孩之宝（Hasbro）收购了，图为其 Playskool Village 木制玩具套装。（图：The Strong）

的玩具。橡皮泥、积木、折纸手册及字母表等玩具（或者说教育工具）至今也能在幼儿园内得见，无论它们的使用者是不是来自中产阶级家庭。

益智玩具最初的构想显然暴露了成年人对孩子主观体验的忽视，孩子们也需要单纯的乐趣、潮流和幻想，需要"无用"的玩具，而不希望整天被看上去原始又无趣的益智玩具包围。

益智玩具现在依旧昂贵，但显然不再拒绝幻想元素，近年来益智玩具的代表乐高很明智地改变了一些产品策略，更多地拥抱像星战、复仇者联盟、我的世界等风靡全球的 IP，在商业上获得了比以往更大的成功。但我们很难因此得出结论说，孩子们的主观需求得到了更多的照顾。乐高及其他益智玩具所容纳进来的幻想元素面向的不只是孩子，更是有最终决定权的成年人。要判断益智玩具究竟有没有让孩子玩得开心，最简单和直接的方法还是给他说话的机会。

参考资料

[1]　《小玩意：玩具与美国人童年世界的变迁》，〔美〕加里·克里斯著，郭圣莉译，上海译文出版社，2010年出版。

[2]　Roger Caillois, *Man, Play and Games.* University of Illinois Press. 2001.

[3]　Ruth Freeman, *American Dolls.* Century House. 1952.

鲍夏挺 ｜ 图书编辑。

10 款错过了也值得补习的玩具经典

作者 | 李墨谦

买不动乐高的你也该换换口味了。

No.1　我你他动物模型

特别适用人群：野生动物爱好者

● 图：Zachi Evenor

　　"我你他"源自该品牌英文名 CollectA 的音译，于
2009 年正式成立，前身为英国动物模型品牌 PROCON，
后因为公司内部变革，变成了两家玩具公司，其中一个
便是"我你他"，另一个叫作 MOJO。

　　关于"我你他"，几乎是从他们成立之初我便对其
有所关注，当时国内做工比较好的动物模型品牌还是寥
寥无几。起初，"我你他"推出的产品也平平无奇。但
这家有英国血统的公司对中国市场貌似有种偏爱和重视。
他们的官方网站设有中文页面，在中国香港地区也有比
较负责任的分公司。这家公司的各地区负责人貌似很喜
欢逛百度贴吧、STS 等动物模型类的玩具论坛，甚至次
年的产品计划上也会与一些国内外的专业玩家一起讨论，
全然一种手工作坊般的态度。

　　2013 年之后，"我你他"的产品经过不停地磨合、
定位、思考，逐渐形成了自己的几大风格。

- ·仿真度高　虽然每款动物模型只有手掌般大
小，但做工却是一年比一年进步，并且严格
遵循野生动物的科学特征制作。

- ·选题新颖　众所周知，动物模型离不开老几
样：狮子、老虎、斑马、大象。"我你他"
别出心裁，每年都会推出一系列在其他同类

公司都比较少见甚至不曾推出的题材，比如袋狼、鲸头鹳、中南大羚、大伊兰羚羊、弓头鲸等。为了迎合中国玩家，他们还推出了藏羚羊、远东豹等中国特有物种。

· **产品精巧**　截至目前，"我你他"一共推出了超过560种动物模型，其中也包括许多史前恐龙。每款模型都按照动物实际尺寸比例缩小制作，采用人工手绘工艺，保证产品精巧生动。

No.2　费雪婴儿系列玩具

特别适用人群：婴幼儿

费雪（Fisher Price）这个品牌，对于这几年娃爸娃妈们来说已经耳熟能详了。它与日本皇室、美斯达、澳贝等品牌充斥着我国各地的丽婴宝贝和乐友。费雪于1930年由赫曼·费雪（Herman Fisher）和他的朋友欧文·佩斯（Irving Price），以及佩斯的插画师爱人玛格丽特·伊万斯·佩斯（Margaret Evans Price）三个人一同创立，1993年它被美国美泰玩具公司正式收购，2006年正式登陆中国，产品定价在二十元到几百元人民币不等。

相比其他同类产品，费雪的产品有以下三大特点。

· **颜色艳丽**　玩具多选用嫩绿、嫩黄、亮橙、

- 图：Mike Mozart

湖蓝、淡粉等靓丽的颜色，非常吸引小朋友
和家长的眼球，属于一眼就能在货架上看到
的那种产品。后来，很多国产玩具也多效仿
这种配色。

· **兼顾可玩性和安全性**　费雪产品采用的材料
都是食品级别的塑料或塑胶。在产品造型上
选择更加圆润的设计，以防止儿童磕碰，并

且考虑到有些玩具会被啃咬或用来充当抱枕功能，还做了一定的特殊处理。比如，最为经典的费雪小海马，就采用了绒布和透明软塑胶的有机结合，手感非常好。

· **耐用耐摔** 考虑到小朋友在玩耍过程中可能会有一定"破坏力"，玩具材料在耐用性上也是严格把控的。

No.3 森贝儿家族

特别适用人群：喜欢可爱系的朋友，以及想和这样的人交往的朋友

· 图：Freddycat1

森贝儿家族（Sylvanian Families）是由日本 EPOCH 株式会社于 1985 年创立的一个玩具品牌，灵感或许源自英国儿童绘本《彼得兔》。该系列以一群着装可爱的动物们为主角，配有相对应的小木屋、家具、生活摆件、替换服装等产品。

可以说这是一个不折不扣的动物版的芭比，只不过人物变成了各种小动物，并且多以三口或四口之家为基本配置。每款小动物都采用直立造型，头部、双臂、双腿均可转动。玩具本体采用类似塑胶贴绒的工艺，所以摸起来虽然是硬的，但是表面有一层软软的质感，仿佛小动物自身的皮毛效果。

2002 年森贝儿家族被引入中国市场，之后便"萌获"了大量少女心。为了更好地服务和拓展中国市场，2011 年 EPOCH 株式会社正式在中国成立分公司，直营接管该品牌，这在其他日本玩具公司中是很难见到的现象。为了防止市场混乱，该公司针对不同国家做了不同颜色的包装，如中国采用粉色，日本采用浅黄色，欧洲各国是黄色，英国是蓝色，美国是绿色等。虽然包装各不相同，但产品质量是完全一致的。

No.4　多美火车轨道模型

特别适用人群：火车迷

• 图：Nurhalimah100080

说起多美（Takara Tomy）这个日本第二大玩具公司，可能人们脑海中最先想到的是变形金刚，但真正称得上品牌担当的还要数有着60年历史的多美火车轨道模型系列。

我们知道铁道模型是很高端很烧钱的东西，需要单独买火车头、车厢、轨道、隧道、车站……还需要有个大的桌子用于摆放这些东西。多美的火车轨道模型虽算是玩具，却将铁道模型融入儿童火车玩具中，比普通的火车玩具要复杂很多。比如，多美的每款火车车头内置马达，火车种类更是涵盖了日本几乎所有出现过的各种真实的火车、地铁及城铁车型（除此之外也有托马斯、迪士尼等原创卡通车型）。

多美火车配套的轨道也十分丰富，最基础的轨道就有 28 种之多，不仅可以组合成不同形状，还可以借助一些"桥墩"等配件，将轨道架高使其更加立体、真实。再就是有很多丰富的配件可供选择，如隧道、吊桥、车站、信号站、行人天桥等，一共也有 28 种之多，也需要单独购买。

自 1959 年起，多美公司也为儿童推出了铁道模型商品，经过不断改良，如今该产品内容相当丰富，不仅小朋友喜欢，很多成年玩家也对其爱不释手。

No.5　万代拼装模型

特别适用人群：动漫迷

作为日本第一大玩具公司，万代（Bandai）推出的商品大多围绕日本动漫，毕竟这家公司在 20 世纪 70 年代就已经和日本东映等动漫公司确立了长期合作伙伴关系。很多我们童年时的美好回忆都与万代公司生产的玩具有关，比如《圣斗士》《七龙珠》《奥特曼》等，但其代表作品还是拼装模型。

拼装模型最早可能起源于 20 世纪 60 年代，最初以军事题材为主，相对于成品手办来讲，价格便宜，好玩又动脑。为了方便包装（大多是盒装），这种模型的每个零件都嵌在四四方方的塑胶板件上，需要玩家自行用模型剪刀裁剪下来，然后对应说明书和胶水将其组装成最终的样子。

• 图：PoLin328

1980 年万代开始推出《机动战士高达》的拼装模型，但最初的销售情况并不是很好。因为动画中的机动战士颜色丰富多彩，但传统的拼装模型由于节省成本等因素，零件大多是单一颜色的，需要玩家组装完后再自行上色。而机动战士这部作品面向的人群一开始是小朋友，他们并没有那么强的动手能力。于是万代开始对拼装模型进行改良，这后来也成了万代拼装玩具的特色。

- **丰富板件颜色、附赠贴纸**　这样玩家能轻松地组装出和动画形象几乎一样的模型。
- **"免胶卡棒"**　万代开发出了一种叫作"免胶卡棒"的设计（以取代原本操作不友好的胶水），在需要拼合的两个零件上分别设计了凸起棒和凹槽，这样成对的零件就能像乐高一样牢牢拼合起来。这个设计被其他模型公司争相效仿，一直沿用至今。
- **骨架关节设计**　万代在玩具的可动性上也做足了文章，通过一些骨架关节设计，实现了既可以拼装又可以"变形"活动的功能。

No.6　风火轮合金车

特别适用人群：汽车迷

要介绍"风火轮"合金车（Hot Wheels），就不得不首先提及它曾经的竞争对手"火柴盒"合金车（Matchbox），如今这两个品牌都归美国美泰公司（Mattel）所

• 图：Bryce Womeldurf

有，但在 1954 年首先出现的合金车玩具却是"火柴盒"。
当时热衷模型制作的英国青年莱斯利·史密斯（Leslie
Smith）和他的中学同学罗德尼·史密斯（Rodney Smith）
携手开发了一套火合金汽车模型，他们给这个模型取名
为"火柴盒"，因为这套模型拥有近似火柴盒大小的身
材，放在小朋友手中正好合适。"火柴盒"的成功让美
泰公司看到了商机，他们在 1968 年推出了效仿之作"风
火轮"合金车，在模型的速度和抗撞击性上做了大幅提升，
并冠以"速度、力量、优胜表现"的口号，同样获得了
成功。1982 年美泰成功收购"火柴盒"，两个品牌之争
从此结束。

相比走朴素怀旧路线的"火柴盒"，"风火轮"更受如今小朋友们的青睐，以下几点特色可能对"风火轮"贡献不少。

- **炫彩车身**　"风火轮"的模型以明快的颜色作为主打，有些车身上还绘有各种涂鸦，远远望去一片花里胡哨。
- **汽车轨道**　"风火轮"推出了一系列设计夸张的汽车轨道，如同过山车轨道一般。将手中爱车放到轨道之上，观其风驰电掣，刺激又好玩。
- **丰富品种**　"风火轮"合金车推出了1∶64、1∶43、1∶18、1∶50等不同型号系列，目前生产的合金车模超过40亿只，种类达到千余种。

No.7　HOT TOYS 1∶6 可动人型

特别适用人群：电影发烧友、成人玩家

HOT TOYS 是为数不多面向成年玩家开发的玩具品牌，虽然该公司成立时间并不久（2000 年成立于中国香港），但它凭借高超的工艺很快便打入了世界市场，是中国为数不多的一家世界级别的玩具品牌。

HOT TOYS 主打的产品为 1∶6（12 寸）可动人型

• 图：PoLin328

（action figure）。可动人型是玩具家族的一个门类，起初是由孩之宝公司于 1964 年设计开发的军人题材玩偶。为了区别于娃娃（doll），可动人型的关节更为丰富，除头部、大臂、双腿可以一定范围地转动外，肘关节、腕关节，甚至手指也能自如活动。这样一来就方便了玩家摆出各种造型，如扛枪射击、举旗呐喊、举手投降之类的。可动人型一度在全球风靡，很多公司都研发出了属于自己的可动人型品牌。但是 HOT TOYS 的出现，将这一门类又提升了一个新高度。

以往的可动人型，虽然在模型的服装道具和可动上都下了一定功力，但玩具的头雕却始终看起来像玩具。

但 HOT TOYS 的可动人型头雕却大不相同，可以说是花了大量心血去研究并制作，最后做到什么程度呢？那就是可动人型穿戴整齐，如果拍一张近照，不仔细看则真以为就是影视剧的剧照一般，就是这么生动形象。可以说是真人的等比例缩小一般。HOT TOYS 与一些热门影视剧版权方合作，推出了《钢铁侠》《超人》《蝙蝠侠》《铁血战士》《异形》《星球大战》等影视剧中人的可动人型。

如今，HOT TOYS 火爆到产品还没推出就已被各大网店预订一空，如果你稍不留神忘了买某一款，等回头想买的时候，准备好两倍甚至三四倍的价钱再来谈吧。如今混 1 ∶ 6 兵人圈，如果手里没有几个 HOT TOYS 的可动人型，你都不好意思跟别人打招呼。

No.8　变形金刚

特别适用人群：机器人迷、汽车迷

变形金刚最初是日本 Takara 公司于 1982 年设计的一套变形玩具，当时叫作微星战士（MICROMEN）和达克龙（DIACLONE）。玩具推出后销量并不是很好，当时美国孩之宝公司正希望制作一套关于智能机器人题材的动画片，两家公司一拍即合，由日本负责玩具的设计和

• 图：GogDog

改良，美国负责动画的剧本和制作，推出变形金刚 G1 动画，擎天柱、威震天、大黄蜂、红蜘蛛这些角色从此成为经典。后来由于日方和美方在故事拓展方向上发生了分歧，两家公司各自设计各自的（但是共享版权），设计出的玩具也是双方各出一版，互相竞争但又互相促进。

　　国内习惯将 Takara（已被多美收购，并改名为 Takara Tomy）生产的变形金刚称为日版，将孩之宝的变形金刚称为美版。日版和美版用的塑料材质相差无几，主要区别在于配色和包装上。美版相对粗犷，采用半透明式挂卡包装，内配简单说明书，在涂装上也比较随意。而日版的包装多为盒装，针对玩具大小有半透明和全透明不同的包装，除说明书外，一般还会配有漫画书或故事光盘，在玩具涂装上也是严格遵守动画中形象的配色来设定。一般来讲，同一款玩具日版的定价要比美版高出四分之一或三分之一。日版口碑更胜一筹，但美版更加经济实惠。

No.9　芭比娃娃

特别适用人群：女孩

• 图：Erica Wittlieb

　　全世界最忙的女孩恐怕就是她了！自 1958 年第一款芭比（Barbie）问世以来，她经历过歌手、医生、老师、收银员、饲养员、空姐、军人等 80 余种职业。但你绝对想不到这个无数女孩手里完美偶像的原型，竟会是一个成年人玩具。

芭比的创造者露丝·汉德勒（Ruth Handler）女士一次在德国出差过程中在一家成年人用品店发现了一款名为莉莉娃娃（Lili Dolly）的产品，当时她正在寻找新的材料用来做一款外形更贴近青少年的娃娃，取代圆滚滚、胖乎乎的婴儿娃娃供更大的孩子玩耍。当她看见硬塑料制成的莉莉，便买了几个拿回了公司（现在芭比所属的美泰公司）。公司的其他高管被这个产品吓坏了，因为那时没有儿童玩具是以女性成年人造型出现的，更让人尴尬的是，作为成年人玩具的莉莉身材性感、衣着暴露，极有勾起男士性幻想的可能。但汉德勒女士力排众议，对莉莉的外形进行了调整，把它改造得更接近于少女的形象，并请设计师配以 50 年代健康向上的少女装扮，芭比就此诞生。

芭比娃娃上市之后又进行了约 500 次修改，容貌随不同时代的审美趣味而变化着，玩具材质也从一开始的塑料改为后来的塑胶，以及再之后的塑胶包裹内置金属骨架，芭比的服装变化更是多得让人嫉妒。从无业游民到"身经百战"，从默认肤色到出现各种肤色对应版本，芭比的这些变化也受美国平权运动影响。

20世纪90年代芭比被引入中国，到如今她已经不能只用家喻户晓这个词来形容了，很多娃妈从小都是玩芭比长大的，如今自己的女儿依旧在玩芭比，可见其影响力。

目前市面上的芭比娃娃通过不同颜色的外包装盒来区分玩具的等级，像粉色包装多为针对儿童的普通款，黑色包装收藏款则针对成年玩家。除此之外还有更高级的限量版银盒、金盒、白金盒等，定价从几十元到上万元不等。

No.10　乐高积木

特别适用人群：老少皆宜

• 图：Julian Fong

2016 年底乐高被评为世界十大影响力品牌第二，仅次于迪士尼。除了不能生吞，世界上似乎没有什么是乐高不能办到的。小到一个简单搭建的摆件，大到可以住进人的房子，乐高一次次挑战着爱好者们的脑洞。甚至当有人炫耀 3D 打印技术如何先进的时候，已经有人用乐高 DIY 出了一个 3D 打印机，或许有一天用乐高搭建出会说话的人工智能也不足为奇，因为乐高早就推出了其人工智能产品。

到底什么是乐高？乐高是一种带有凸起管构造的积木颗粒砖，一面是凸起状，一面是凹槽，通过颗粒与颗粒的组合玩家可以完成不同构造形状的搭建。每个乐高颗粒的最小尺寸（基础尺寸）严格控制在 8 毫米，同款颗粒之间的误差严格控制在 0.002 毫米。

为了迎合不同年龄和性别的玩家，乐高推出了丰富多彩的系列套装，包括但不限于：

- **针对影视粉丝**　蝙蝠侠、复仇者联盟、星球大战等系列
- **针对男孩**　气功传奇系列、城市系列
- **针对女孩**　好朋友系列、公主系列
- **针对高端玩家**　街景系列、建筑系列、名车系列

·**针对科技控**　科技系列、人工智能系列

乐高还为那些喜欢凭借想象力自由创造的玩家准备
了基础颗粒系列，其中一些受欢迎的原创作品会经过网
上玩家票选，继而被乐高公司采纳、开发成新的产品。
如今，乐高已经开发出 16 大类 119 个系列，每年都有将
近 2400 个新零件被开发制作出来。

执行策划:

不知知(自动贩卖机,买下全宇宙)

Lobby (大人的玩具:从乐高积木帝国说起)

傅丰元(可供性:隐藏在设计背后的力量)

不知知(无用的艺术)

傅丰元(硅谷造城记)

微信公众号:离线(theoffline)

微博:@离线 offline

知乎:离线

网站:the-offline.com

联系我们:AI@the-offline.com